JN146089

たかしよいち 文
中山けーしょー 絵

# アンキロサウルス

## よろいをつけた恐竜

理論社

## もくじ

←この角をパラパラめくると
ページのシルエットが動くよ。

ものがたり

# にげろアンキロ！

# まいごの二ひき

ドカーン！　ドドドドーン！

まるで、耳をつんざくような、地ひびきに、
「アンキロ」は、はっと目をさました。
アンキロなんて、へんな名まえだが、
そいつはアンキロサウルスとよばれる、
きょうりゅうの子どもだ。
アンキロサウルスは、からだじゅう、

かたいよろいにおおわれた、草を
食べるおとなしいきょうりゅうなんだ。
でも、しっぽの先は、かたく
ふくらんでおり、そいつで、
おそってきた敵を、ぶんなぐる。
アンキロはまだ子どもで、
おかあさんといっしょに森の
しげみの、ねぐらでくらしている。
はげしい地ひびきに、森の木はおれてとび、
空には、みるみる、はい色の雲がひろがって、太陽の光を

とざした。

いったい、なにがおきたのだろう……。

きょうりゅうをはじめ、森にいた生きものたちはびっくり。ないたり、さけんだりしながら、森をとびだした。

「コーッ！（かあちゃーん！）」

アンキロは、かあちゃんをよんだ。

かあちゃんは朝がた、えさをさがしに行ったきり、かえってこない。

「コーッ！（かあちゃーん！）」

アンキロは、あたりをキョロキョロ見まわしながら、かあちゃんのすがたをさがした。でも、かあちゃんはどこにもいない。

ガサガサガサ……。

アンキロは、ねぐらからはいだした。

と、ニューッ！　と目の前に、見なれない顔がつきだし、クスン！　と鼻をならした。鼻の上に角をはやした、セントロサウルスの子ども「セントロ」だ。

「クワ！（かあちゃーん！）」

そいつも、まいごになって、かあちゃんをさがしていたところなんだ。

セントロは、アンキロが、自分（じぶん）のかあちゃんじゃなかったことがわかると、がっかりして、ひょいとうしろを向（む）き、ブゥーッ！

とおならをした。

「コーッ！（くせえっ！）」

アンキロは、いまにも鼻（はな）が

もげそうな、セントロの
おならをくらって、
ひめいをあげた。
セントロは、
そんなことには
おかまいなし。
また、かあちゃんを
さがして、ゴソゴソ……
しげみの中を、大いそぎで、
かけだした。

「コーッ！（待ってーっ！）」

アンキロは、セントロのあとから、ゴソゴソゴソゴソ……

ついていった。そして、セントロのしっぽの先を、

ぱくん！　とくわえた。

セントロは、びっくり！

「クヮ！（こらっ、よせ！）」

セントロは立ちどまり、アンキロを

にらみつけてさけんだ。でも、

アンキロは、セントロのしっぽを

しっかりくわえて、はなさない。

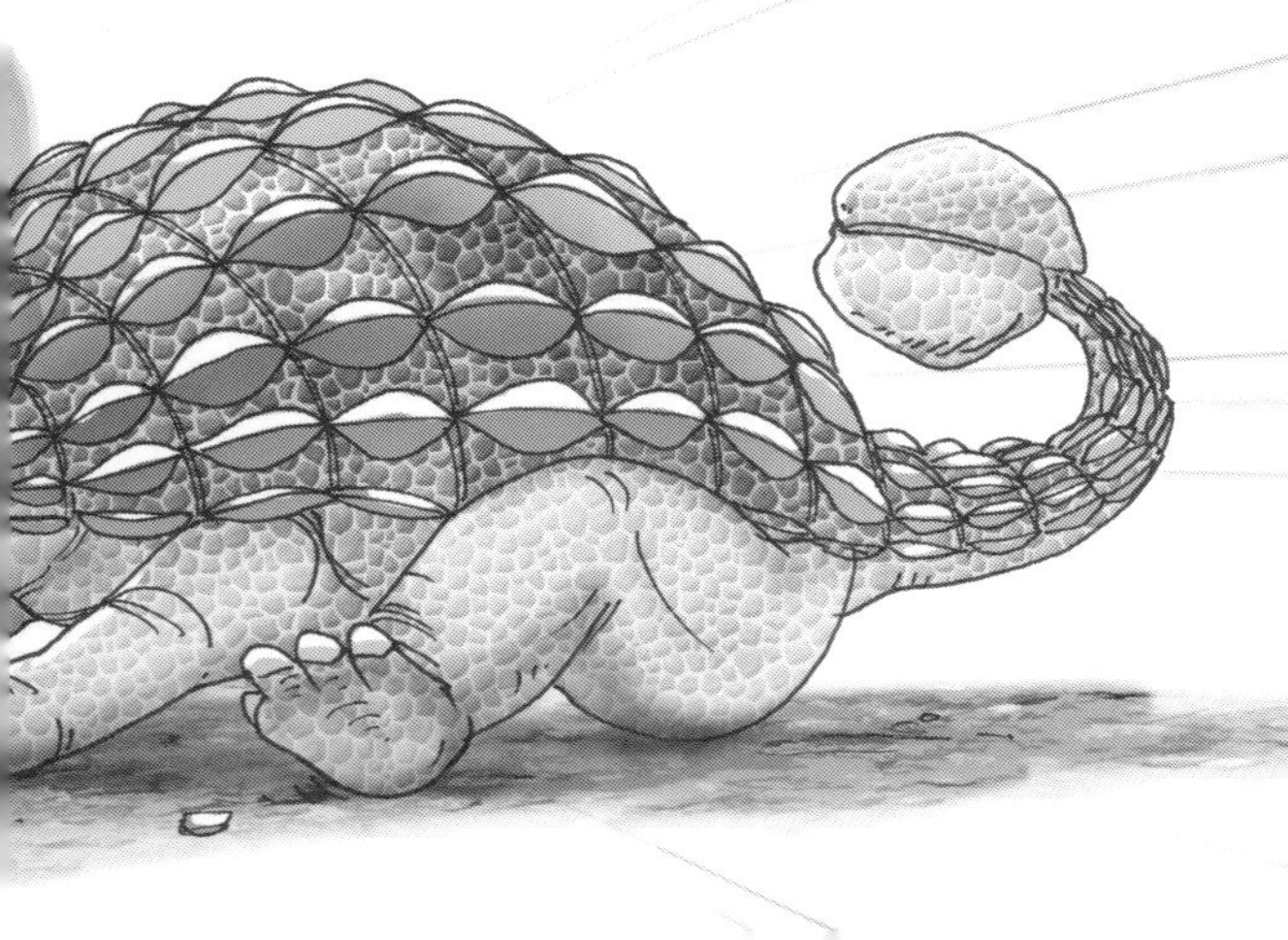

そこで、セントロは、
もういちど、おならをプウ！
くさい。くさい。いても
たってもいられないほど、
くさいおならだ。
それでも、アンキロは
はなさない。

「クワッ、クワッ！（わかったよ、わかったよ。おまえも、おれといっしょに、かあちゃんさがしに行きたいって、いうんだろ。いっしょに行ってやるから、はなせ！）」

セントロが、アンキロにそういうと、アンキロはあんしんしたように、くわえていたしっぽをはなした。

「クワ（さあ、こっちだ。おれのあとから、おくれないようについてこいよ！）」

そういうと、セントロは、また、ガサガサガサガサ……しげみをわけて、かけだした。

「クワッ（かあちゃーん！　かあちゃーんよう！）」

と、さけびながら。

アンキロは、おそい足をはこびながら、セントロのあとを、いっしょうけんめい走った。セントロにあわせ、

「コーッ！　コーッ！（かあちゃーん、かあちゃんよう！）」

と、さけびながら。

## 森の殺し屋たち

「クワッ！（あれーっ！）」

先を歩いていたセントロが、とつぜんひめいをあげて

立ちどまった。アンキロは、なんだろうと思いながら、セントロに追いつき、前をのぞいて、「コーッ！」

なんと目の前に、あばれんぼうの殺し屋ティラノサウルスが、こっちに頭を向け、大きな目をカッ！　と見ひらいたまま、はらばいのかっこうでのびているではないか。

口から血をはき、背中には、おれてたおれた大きな木が、ずしんとのっていた。

遠い星から、いん石というでっかい石が落ちて、地球にしょうとつした。

そのしょうとつは、大きな木もおれるほどの、はげしさだった。ティラノサウルスだけではない。まわりをよく見ると、トリケラトプスたちが、頭やからだに木や石をくらって、のびていた。たいへんなことがおきたのだ。

大きな岩や石もふっとび、まいあがった土ぼこりで、目もあけていられないほどのすさまじさだ。

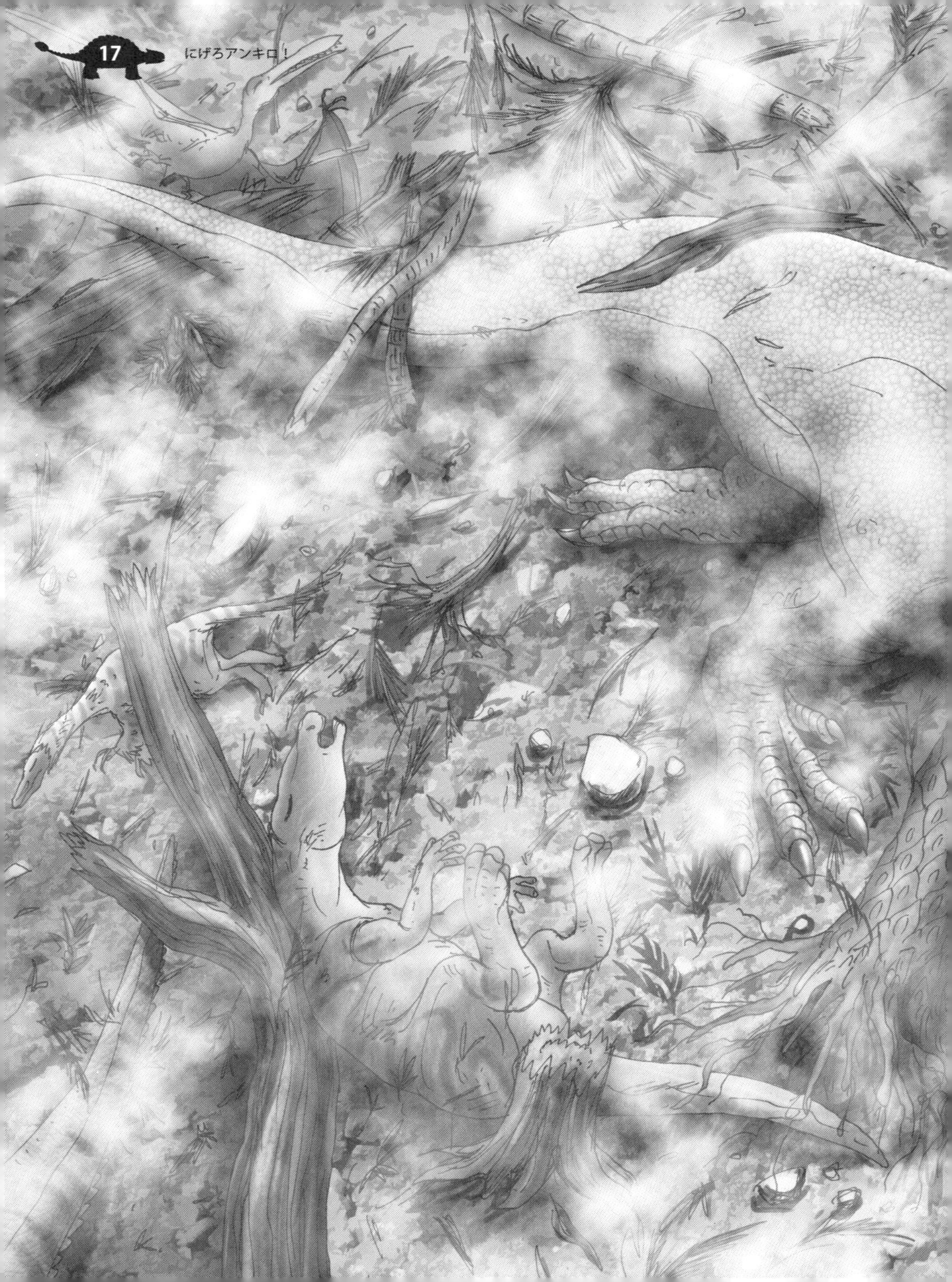

森にいたきょうりゅうたちは、木や石の下じきになって死んだり、けがをしたり、なんともすさまじいありさまだ。

アンキロは、あまりのおそろしさに、からだがふるえた。

セントロも、目玉をぱちくり、からだをふるわせて立っていた。

と、とつぜん、横っちょのしげみがガサッ！

と大きくゆれて、でっかい頭がぐうーんと、しげみの中からあらわれた。

「グォーッ！」

ティラノサウルスだ。殺し屋の

あばれんぼうが、そこに
もう一ぴきいたのだ。頭に
石をくらって、きぜつして
いたのが、目をさましたのだ。
そいつのでっかい頭のてっぺんに、
大きなコブができ、そこから血が流れていた。
もしも、そいつにつかまったら、それこそ
ひとたまりもなく、食べられてしまうだろう。
セントロは、いっしゅん、あとずさりをして、
うしろにいたアンキロとしょうとつ。

「コーッ」

アンキロも、びっくり。そのひょうしに、セントロはまた、おならをプー。

くわばら、くわばら。うしろのアンキロは、くるっと、向きをかえ、もと来たほうへ、ゴソゴソゴソゴソ……とにげだした。

「クワッ！（待ってくれーっ！）」

こんどはセントロが、アンキロのあとを追ってきた。

やれやれ、二ひきはどうやら、はなれられないなかまになったらしい。

森の中をしばらくいくと、やがて
木立ちのまばらな草原に出た。
ドッドッドッドッ……。
トリケラトプスのむれが、
ふたりの前をどんどんかけて
いく。わき目もふらずかけていく。
はい色にとざされた空は、どんよりと
して暗く、日の光をとおさない。
とつぜん、空から落ちてきた大いん石に、
きょうりゅうたちは、みんなびっくり。あっちに走り、

こっちににげしながら、いちばん安全と思われるところをさがして、行ったり来たりしているのだ。

「クワーッ！（かあちゃーん！）」

思い出したように、さけんだ。それにあわせてセントロが、

「コーッ！（かあちゃんよう！）」

とさけんだ。

だが二ひきのかあちゃんは、どこへ行ったのやら、あいかわらず返事がない。

## またまたおそろしい敵が！

「コーッ！（あっ、かあちゃんだ。かあちゃんの足あとだぞ！）」

水たまりのそばの、やわらかい土の上についた足あとを見て、アンキロはうれしそうにさけんだ。

たしかに、その足あとは、アンキロサウルスのものだ。しかし、はたしてそれが、アンキロのかあちゃんのものかどうかは、わからない。アンキロは、足あとに、鼻を

こすりつけて、クンクン、においをかいだ。
「コー！（たしかに、おいらのかあちゃんだ！）」
アンキロは、においを追って、かけだした。
だが、草むらにはいると足あとは消え、においも
消えてしまっていた。
しばらく行くと、こんどは、前のものよりずっと
大きな水たまりがあった。
「クワー！（あっ、かあちゃんの足あとだ。
かあちゃんを見つけたぞ！）」
さけんだのは、セントロ。水たまりのまわりの、

やわらかな土の上に、くっきりとしるされていたのは、まちがいなくセントロサウルスの足あとだ。だが、はたしてそれが、セントロのかあちゃんのものかどうかわからない。

それでも、セントロは、アンキロがやったように、足あとに鼻をこすりつけて、クンクンにおいをかいだ。

「クワッ（たしかに、おれのかあちゃんだぞ）」

セントロはよろこんだ。そして、クンクン、クンクン、鼻をならして、足あとと、においを追ってかけだした。

だが、しばらく行くと草むらになり、足あとは消えていた。

むろんにおいも消えて、さっぱりわからなくなってしまった。

「クワー！（かあちゃーん！）」

セントロは、空をあおぎ、大きな声でさけんだ。

その声を聞きつけて、向こうの林から、なにやら、こちらに向かって、かけて来るものがいる。

「ク……（かあ……）」

といいかけたあと、セントロはいそいで息をとめた。

それは、かあちゃんなんかじゃない。ちびギャングの殺し屋、ドロマエオサウルスだ。からだこそ小さいが、ティラノサウルスにまけない、おそろしい殺し屋だ。

かれらは、林ややぶの中にじっとひそんでいて、草を食べる、おとなしいきょうりゅうを待ちぶせして、おそいかかる、わる者たちだ。

林の中にひそんでいたドロマエオサウルスは、セントロの声を聞き、それがセントロサウルスの子どもであることを知ると、いきなり林の中からとびだしてきたのだ。

一ぴきだけじゃない。みんなで五ひきの殺し屋たちだ。

「キキキキキーッ！」

かなきり声をあげた殺し屋たちは、
大きな目玉で、キョロキョロ
キョロキョロ、声のした
ほうを見まわした。

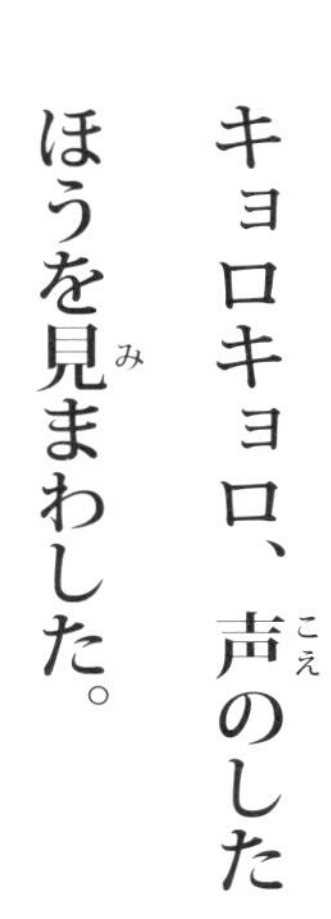

セントロもアンキロも、からだを小さくして、草むらの中で、じっと息を殺していた。

見つかったがさいご、もうおしまいだ。

「キキキキキキ……」

五ひきのドロマエオサウルスたちは、たがいに、あいずをおくりながら、だんだん近くにせまってきた。

目もするどいが、耳もするどい。どんな小さな音でも、ききわける耳を持っているからこわい。

ちらちら、ちらちら……と、しげった草の向こうに、すがたが見えた。いかにも身軽なからだつき。がんじょうなあごには、するどい歯が光っている。太い首に、剣のように先のとがったしっぽ。すばやくかける長い足にも、ものをつかむ手にも、カギのように曲がった、おそろしいつめがついている。

そのつめで、ガツン！　とつかまれたら、もうおしまいだ。

ドロマエオサウルスのすがたが、目の前を横ぎったとき、

セントロはすっかりきんちょうして、
おもわずプーとおならを出した。
ドロマエオサウルスの耳はするどい。
すぐにおならの音を聞きわけ、
アンキロとセントロがひそんでいる
草のしげみを見つけた。
「キーッ！（くせえっ！）」
きょうれつなおならのにおいに、
ドロマエオサウルスの一ぴきは
ひめいをあげた。だが、そんなことで

にげだすようなやつらじゃない。

「キキキキキーッ！（見つけたぞ、見つけたぞ、えものを見つけたぞ！）」

　ドロマエオサウルスは、なかまに知らせた。その声に、のこりの四ひきが、いっせいに走りよってきた。

「キキキーッ！（やれやれ、ごちそうは、こんなところにいたのか！）」

　ドロマエオサウルスのおやぶんが、ギラリ！　するどい目で二ひきをにらみすえて、さけんだ。

# 空からのおうえん

草むらにひそんでいたアンキロは、手足をひっこめ、ちゅういぶかく身がまえた。それは、ふいに敵にであったときの、アンキロサウルスたちの、さいしょのかまえだ。

アンキロサウルスは、子どもでも、全身がかたいこうらでおおわれている。人間でいえばちょうど、よろいをつけたようなものだ。

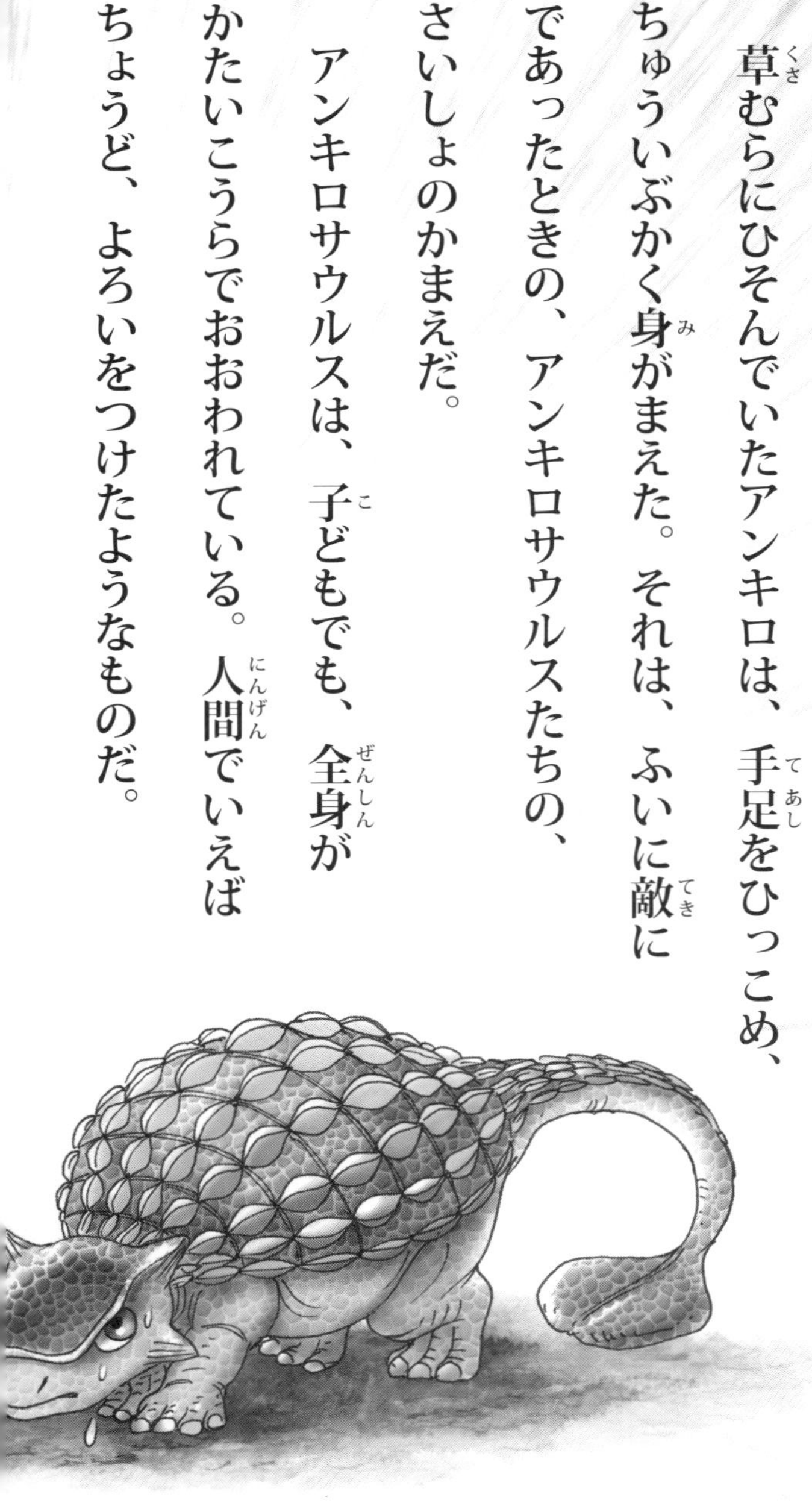

しっぽの先には、かたいラグビーボールのようなかたちの武器を持っている。だから、どんなに強い肉食のきょうりゅうでも、そうやすやすとは、とびかかってこられない。

いっぽう、セントロサウルスの子どもも、鼻の上には角という武器がある、いざというときには、その角の一げきをおみまいするぞ、といわんばかりに、セントロは、相手に向かって、じっと身がまえた。

「キーッ！（こぞっこめ！）」

ドロマエオサウルスのおやぶんは、さっと、ひとっとび。
セントロの背中に、足げりの一げきをおみまいしよう
とした。
セントロは、すばやく前のほうへ走って、相手の
一げきをかわした。ドロマエオサウルスの足げりは、
からぶりだ。
そのとき、こんどは、べつのドロマエオサウルスが、
アンキロにとびかかっていった。アンキロは、
かあちゃんにならったとおり、くるりと、
おしりを向け、とびこんできた相手の、

頭をねらって、ぴゅーんと、
力いっぱいしっぽをふった。
パーン！
鉄のようにかたい
ラグビーボールの
ふくらみが、相手の
頭にめいちゅう。
ギャッ！
とびかかってきたドロマエオサウルスは、
その一げきをくらって、ひっくりかえった。

ドロマエオサウルスたちはおこった。子どもだと、なめていたのがいけなかった。よし、もうゆるさんぞとばかりに、こんどは五ひきがいちどに、前後左右から、アンキロとセントロに向かってとびかかった。もし、このとき、空をとんでいた鳥のイクチオルニスが、助だちをしなかったら、アンキロもセントロも、ひとたまりもなく、殺されただろう。

なん百羽とかたまって、空をとんでいたイクチオルニスたちが、とつぜんまいおりてきて、五ひきの

ドロマエオサウルスたちめがけて、
おそいかかったのだ。

さあ、殺し屋たちは、おどろいた。頭や、背中や、しりを、鳥たちのくちばしでつつかれまくって、大あわて……。

キキキキキキーッ！　と、ひめいをあげ、アンキロとセントロをやっつけるどころの、さわぎではなくなった。

「チーッ！　チーッ！　チーッ！（さあ、早くおにげ。あとはわたしたちがひきうけるから！）」

イクチオルニスのかしらが、アンキロとセントロをせきたてた。二ひきは鳥たちに守られて、どんどんにげた。ドロマエオサウルスたちがあとを追いかけようとすると、たちまち大ぜいの

鳥たちが、よってたかって
つつきまわした。
ドロマエオサウルスたちは、
もう、ほうほうのていで、
もとの林のほうへ
ひきかえしていった。

「キキーッ！（おぼえてろ。いつかこのしかえしはするからな！）」

ドロマエオサウルスのおやぶんは、空をあおぎ、イクチオルニスたちにむかって、くやしまぎれのうなり声をあげた。

## かあちゃんにあえた

「チーッ！　チチチチチ……」

イクチオルニスのかしらは、まいおりてきて、

セントロの背中にとまった。

「よかった、よかった。それにしても、あんたたちの、かあさんたち、どこにいるんだろうね……」

イクチオルニスのかしらは、しんぱいそうに、そういった。そして、空から落ちてきた、おそろしく大きなもの（いん石）について、教えてくれた。それは、いままでになくおそろしいもので、そのため、たくさんの生きものたちが死んだり、きずついたりしたという。

海べにいたイクチオルニスたちも、安全なところを

見（み）つけるために、
なかまがみんな
かたまって、にげる
とちゅうだったのだ。
「チーッ、チーッ、チーッ！
（あんたらも、早（はや）く、おかあさんに
であって、安全（あんぜん）なところへおにげ！）」
イクチオルニスが、二ひきにそんな
ことをいって、おわかれをしようとした
とき、とつぜん、セントロがさけんだ。

「クワッ！（かあちゃんだ、かあちゃんがいたーっ！）」

見ると、向こうから一ぴきのセントロサウルスのめすが、まいごになった子どもをよびながら、こちらへやって来る。

「クワーッ！（かあちゃーん！）」

セントロは、かけだした。とつぜん、とびだしたので、背中にとまっていたイクチオルニスのかしらは、ズデーン！

とひっくりかえった。

そのとき、またまた、反対がわから、わが子をさがしあるいて、すっかりくたびれた、アンキロのかあちゃんが、やって来た。

アンキロは、かあちゃんのすがたを、すばやく見つけた。

「コーッ！（かあちゃーん！）」

アンキロは、大声でさけんだ。その声に、かあちゃんはびっくり。大いそぎで、アンキロのほうへ、走りよってきた。

セントロのかあちゃんは、セントロの顔を、やさしくなめた。

「クワーッ（さあ、もう、まいごになんかなるんじゃないよ）」

アンキロのかあちゃんも、アンキロの頭をペロペロと、やさしくなめてくれた。

「コーッ、コ、コ、コ……（よかった、よかった、もう、ぜったいに、はなれないようにしなくちゃね）」

空では イクチオルニスのむれが、まるい輪をえがきながら、
ぐるぐる、ぐるぐる、アンキロとセントロの親子に、
わかれのあいさつをおくった。
「チチチチーッ！（さようなら、お元気で！）」
「クワーッ、クワーッ！」
「コーッ、コココココ……（おせわになりました。
お元気でねー）」
アンキロとセントロの元気な声が、空の向こうに、
はればれと、ひびきわたった。

# なぞとき きょうりゅうは なぜほろんだ？

## アンキロサウルス

アンキロとセントロのものがたり、いかがでしたか。

アンキロサウルスとセントロサウルスの二ひきのきょうりゅうがであい、いっしょにおかあさんをさがす、というお話（はなし）でしたね。

もちろん、あくまでも、ものがたりの上（うえ）でのことですから、じっさいにそんなことがあったか、どうかはわかりません。

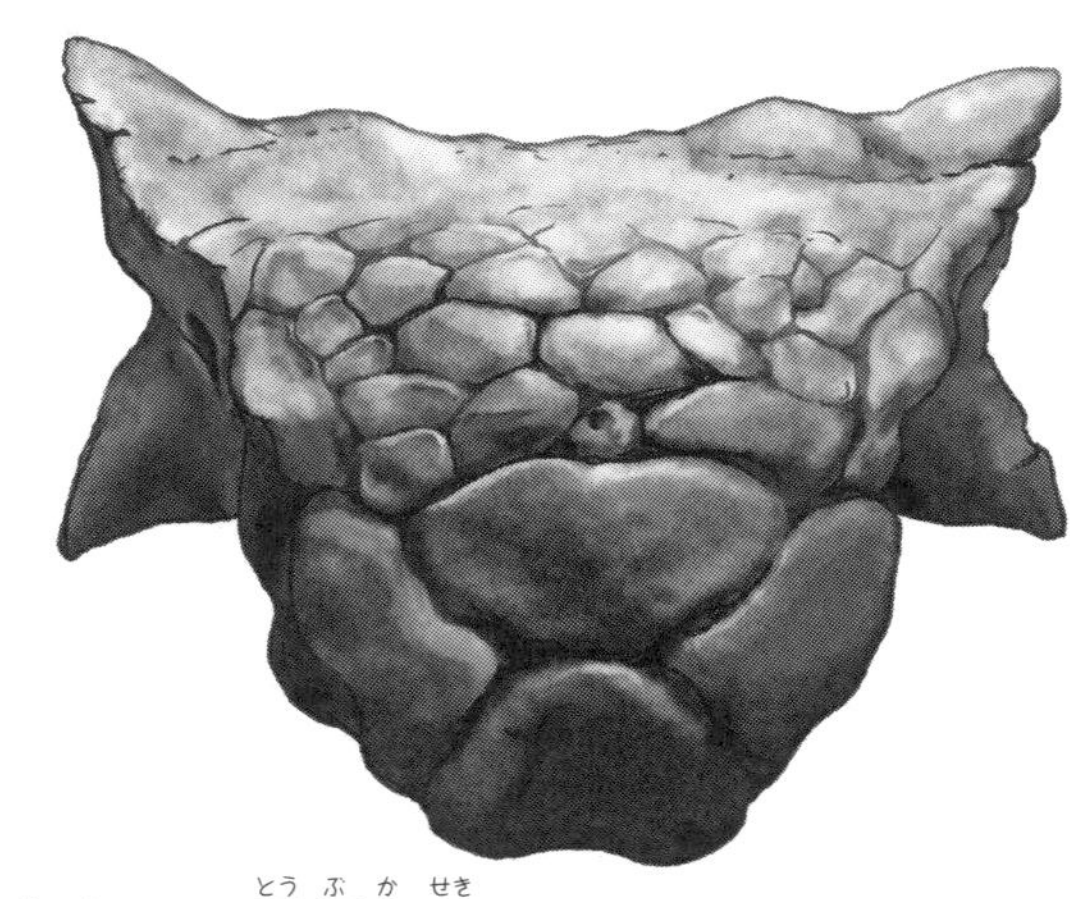

アンキロサウルスの頭部化石（とうぶかせき）

そこでまず、このお話にでてきた、きょうりゅうたちから、しょうかいすることにしましょう。

はじめは、なんといってもアンキロサウルス。草を食べるおとなしい恐竜です。

アンキロサウルスは、曲竜類（鎧竜）とよばれる、きょうりゅうのなかまです。

曲竜類のとくちょうは、体ぜんたいが、まるでよろいのような、かたい骨の板でおおわれていることです。

もちろん、それは一枚の板ではなく、たく

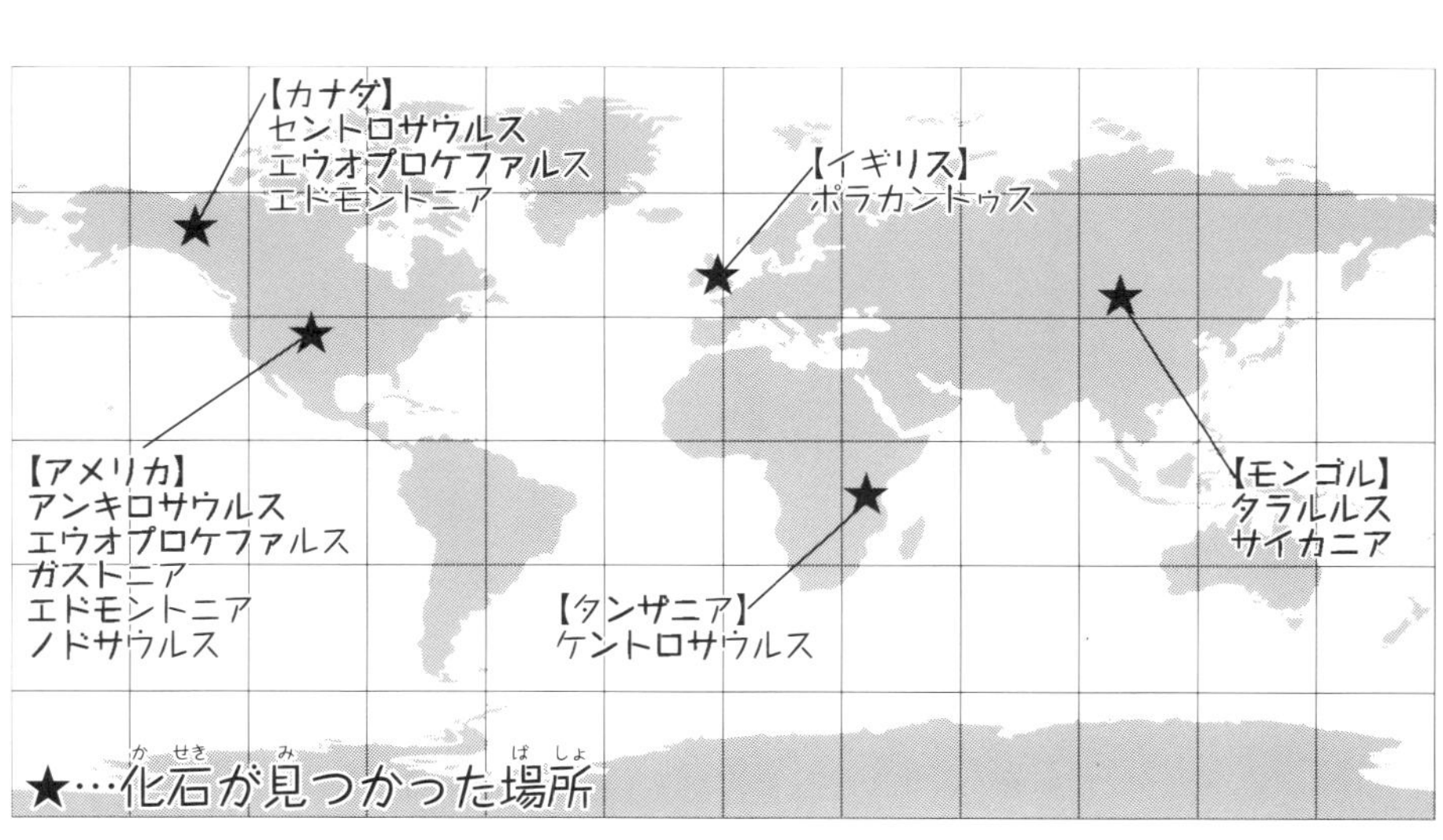

★…化石が見つかった場所

さんのかたい板と板とがくっつきあってできています。いまの、センザンコウやアルマジロを思い出してください。

そんなところから「アンキロサウルス（つなぎあったトカゲ）」というよび名がついたのです。

このなかまは、すべて四つんばいで歩く、つまり四足歩行で、みじかくがっちりした足で、ひくく重たい体をささえていました。

体はずんぐりとしており、いちばん小さなもので、およそ五メートル、大きなものは

センザンコウ　アルマジロ

一〇メートルもありました。

体は、かたく、あつい板に守られているほか、とげや角のあるものもいました。

さらに、大きくわけて、しっぽの先が、球形にふくらんだ棒になっているものと、それのないなかまとの二つがいました。

古生物学では、ふくらみのあるものを「アンキロサウルス類」、ないものを「ノドサウルス類」とよんでいます。

アンキロサウルス類のこん棒のふくらみは、かたくて、敵におそわれたとき、しっぽ

ノドサウルスの復元模型

をふりまわし、相手に一げきをくらわせるためのものだっただろう、といわれています。

この本のお話の中でも、アンキロが、殺し屋のドロマエオサウルスにおそわれたとき、しっぽをふるってたたかい、とびかかってきた、相手の頭をひっぱたくところがありましたね。

お話の上だけではなく、じっさいに、そんなふうにして使われただろう、と古生物学者たちはいっています。

あばれんぼうのティラノサウルスだって、

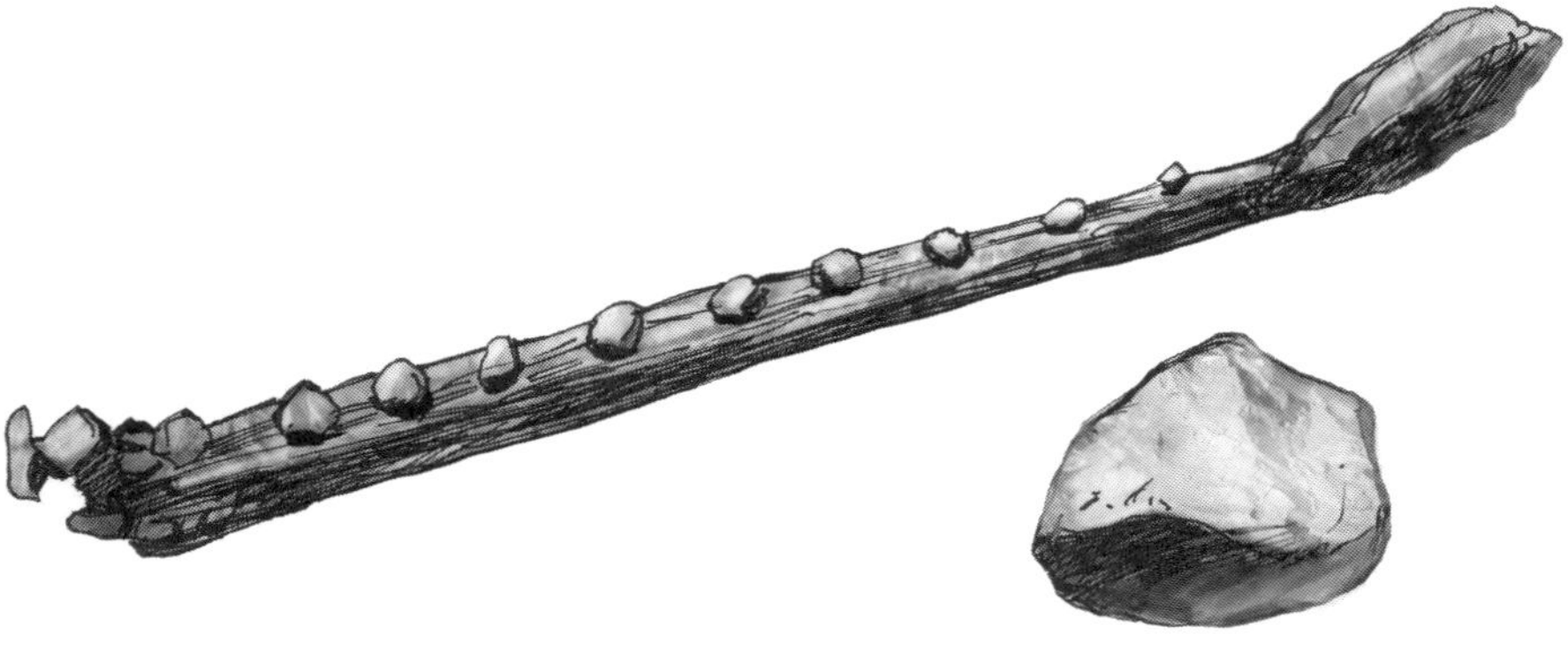

アンキロサウルス類の尾と骨板の化石

アンキロサウルスの、しっぽの一げきをくらうことをおそれた、ともいわれています。

アンキロサウルスは、その体つきからしても、そんなに足が速かったとは、思えません。

足の速い肉食のきょうりゅうたちには、すぐに追いつかれたでしょう。そのために、アンキロサウルスの体は、かたい骨の板で守られていました。そしていざというときには、しっぽの先についた武器を、ハンマーのようにふりまわしてたたかったでしょう。

アンキロサウルス類は、ほとんどが、いま

肉食きょうりゅうの足の骨を折るほど強力だったという説もあります

から六五〇〇万年前後の白亜紀後期にすんでいました。

この時代にすんでいたアンキロサウルスのなかまには、サイカニア（「美しいもの」という意味）やエウオプロケファルス（「りっぱなよろいをつけた頭」という意味）などがいます。

そのなかで、なんといっても、もっとも体が大きかったのは、アンキロサウルスです。

アンキロサウルスは、カナダのアルバータ、アメリカのモンタナなどの、白亜紀の地層か

アンキロサウルス類の復元模型

サイカニア

エウオプロケファルス

タラルルス

ら発見されました。

前にものべたように、体の大きさは、五メートルから一〇メートル、体重は四～七トンもあり、どっしりとしていました。

しかし、アンキロサウルスの歯はとても小さくて、おそらく、ひくいところにはえる、やわらかな草を食べていただろう、と考えられています。

古生物学者によっては、おもに、木や草にいる虫などを食べていただろう、という人もいます。

ノドサウルス類の復元模型

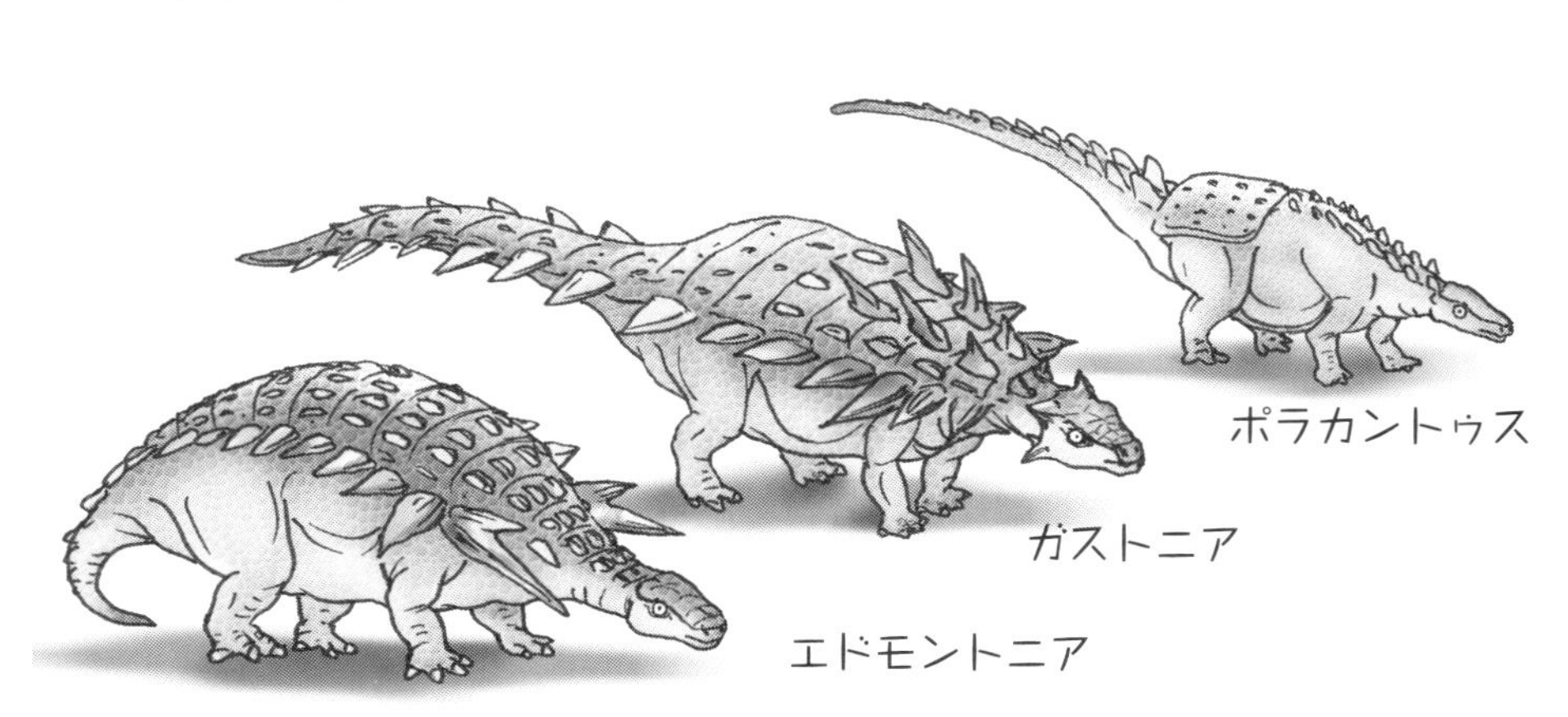

ものがたりでは、主人公のアンキロが、森のねぐらに、おかあさんといっしょにすんでいた、となっています。

おそらく、お話のように、アンキロサウルスたちは、しげみの中に巣をかまえていただろう、と考えられています。

ゴビ砂漠では、タラルルスというアンキロサウルス科の骨が発見されていますが、近くで、そのタラルルスのものと思われる、たまごも見つかっています。

セントロサウルスの復元模型

## セントロサウルス

さて、つぎは、お話の中で、「アンキロ」といっしょに、おかあさんをさがす「セントロ」のセントロサウルスについて、のべることにしましょう。

「セントロサウルス」というよび名は、まぎらわしいのですが、それとよく似た名まえに「ケントロサウルス」がいます。

ケントロサウルスというのは、せなかに骨

ケントロサウルスの復元模型

の板をもった、ステゴサウルスに似た剣竜のなかまで、セントロサウルスは、トリケラトプスに似た、角竜のなかまなのです。剣竜のケントロサウルスはKentrosaurusと書き、角竜のセントロサウルスはCentrosaurusと書いて、まったくちがうきょうりゅうなのです。

　さて、この本に登場した「セントロ」のセントロサウルスは、つまり角竜のほうです。

　セントロサウルスは「先のとがったトカゲ」という意味です。体の大きさは、約六メート

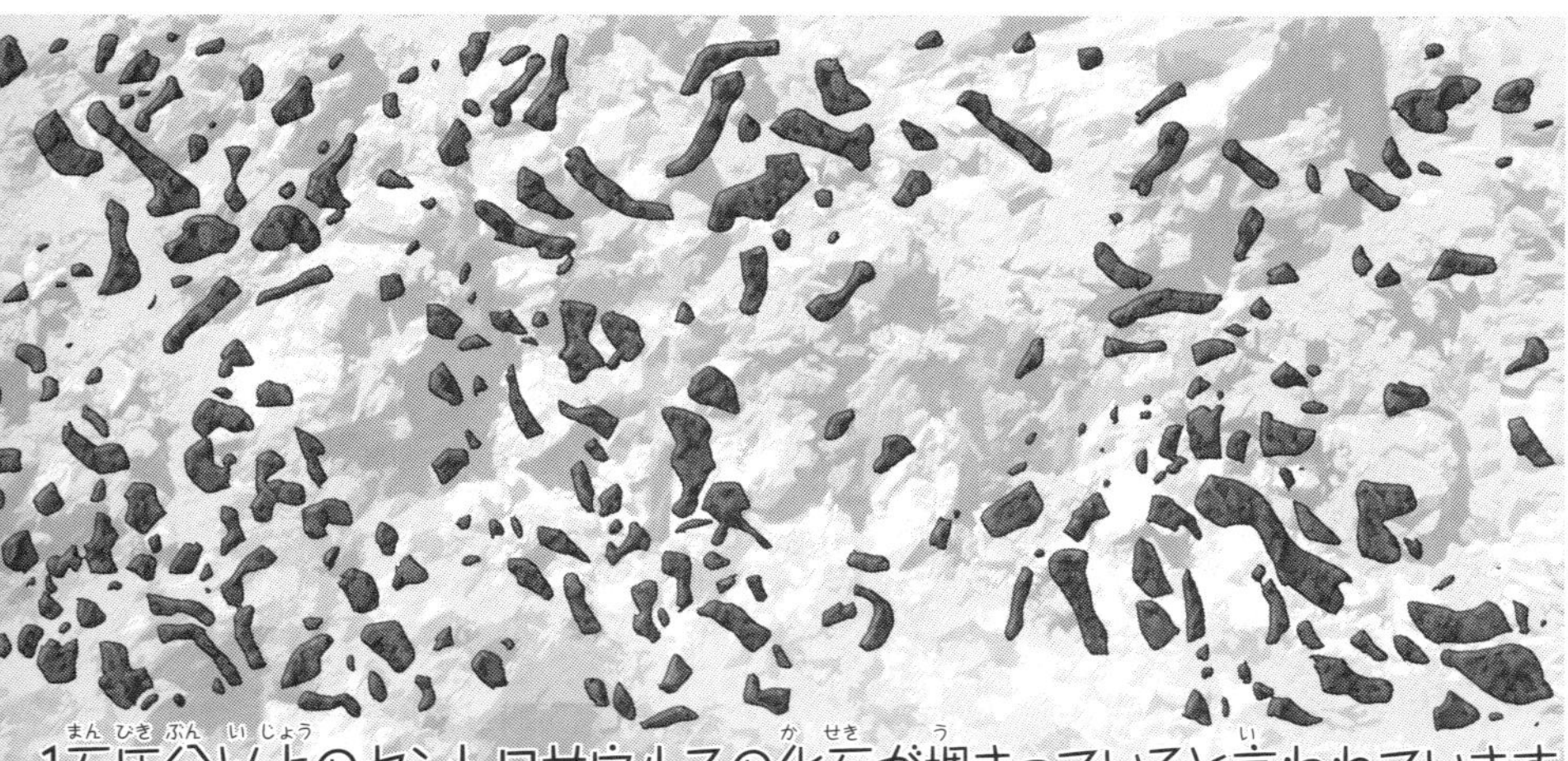

1万匹分以上のセントロサウルスの化石が埋まっていると言われています

ル、鼻の上に一本の角があり、首のまわりについたえりの上には、前むきにまがった二本の角があります。

なんともかわったきょうりゅうですが、カナダのアルバータ州、レッド・ディア川ぞいのバッドランドという発掘現場から、一か所にかたまって、たくさんの骨が見つかりました。

骨のおれたようすから、どうも、大ぜいのなかまが、いっしょに川をわたっているとき、おたがいにもつれあってたおれ、ふみつぶさ

バッドランドのボーンベッド（化石がかたまって含まれている地層）には、また

れたりしたためではないか、といわれています。

　そうしたことから、角竜のなかまは、いまのバイソン（野牛）のように、むれになっていっしょにうごきまわったのではないか、と考えられているのです。

　ものがたりの中では、おかあさんにはぐれたセントロが、おかあさんをさがして歩きます。

　おそらく、セントロサウルスも、ほかの角竜とおなじように、子どもはいつもおかあさ

んといっしょにいたでしょう。しかし、肉食(にくしょく)きょうりゅうなどにおそわれてにげるときに、おかあさんとはぐれて、まいごになることもあったかもしれません。まいごになったセントロは、おなじようにおかあさんをさがしているアンキロにであい、いっしょに、おかあさんさがしをはじめたのです。

角竜(つのりゅう)も曲竜(きょくりゅう)も草(くさ)を食(た)べるきょうりゅうなので、お話(はなし)をたのしくするために、わたしが、かってに想像(そうぞう)して、えがいたのです。

お話(はなし)の中(なか)で、セントロがおならを「プー」

とやるところがありましたね。

「まあ、なんて、お下品な！」とおこらないでください。きょうりゅうだって、おならをすることもあったでしょう。

きょうりゅうのウンチだって、ちゃんと化石になってのこっているのですから……。

## ドロマエオサウルス

さあ、おつぎは、アンキロとセントロをおそった、殺し屋のドロマエオサウルスの登場

ドロマエオサウルスの骨格模型

です。

ドロマエオサウルスは「走るトカゲ」という意味です。

大きくは「コエルロサウルス類」とよばれる、小型肉食きょうりゅうのなかまで、このシリーズ本の『オルニトミムス』の主役、オルニトミムスと、体のつくりはよく似ています。

でも、こまかい点では、ちがいがあります。

それでは、オルニトミムスとドロマエオサウルスとをくらべてみましょう。

【カナダ】
ドロマエオサウルス
オルニトミムス

【アメリカ】
ドロマエオサウルス
オルニトミムス

★…化石が見つかった場所

下の絵の、右がオルニトミムス、左がドロマエオサウルスです。

ひと目でわかるのは、頭の部分です。オルニトミムスは首が長くて、顔つきはダチョウのようですね。ところが、ドロマエオサウルスをごらんください。首はがっちりと太くて、顔つきは、ちょうどティラノサウルスを見るように、なんともこわく、いかにも殺し屋的です。

つぎに、前後の足のつめをくらべてみましょう。

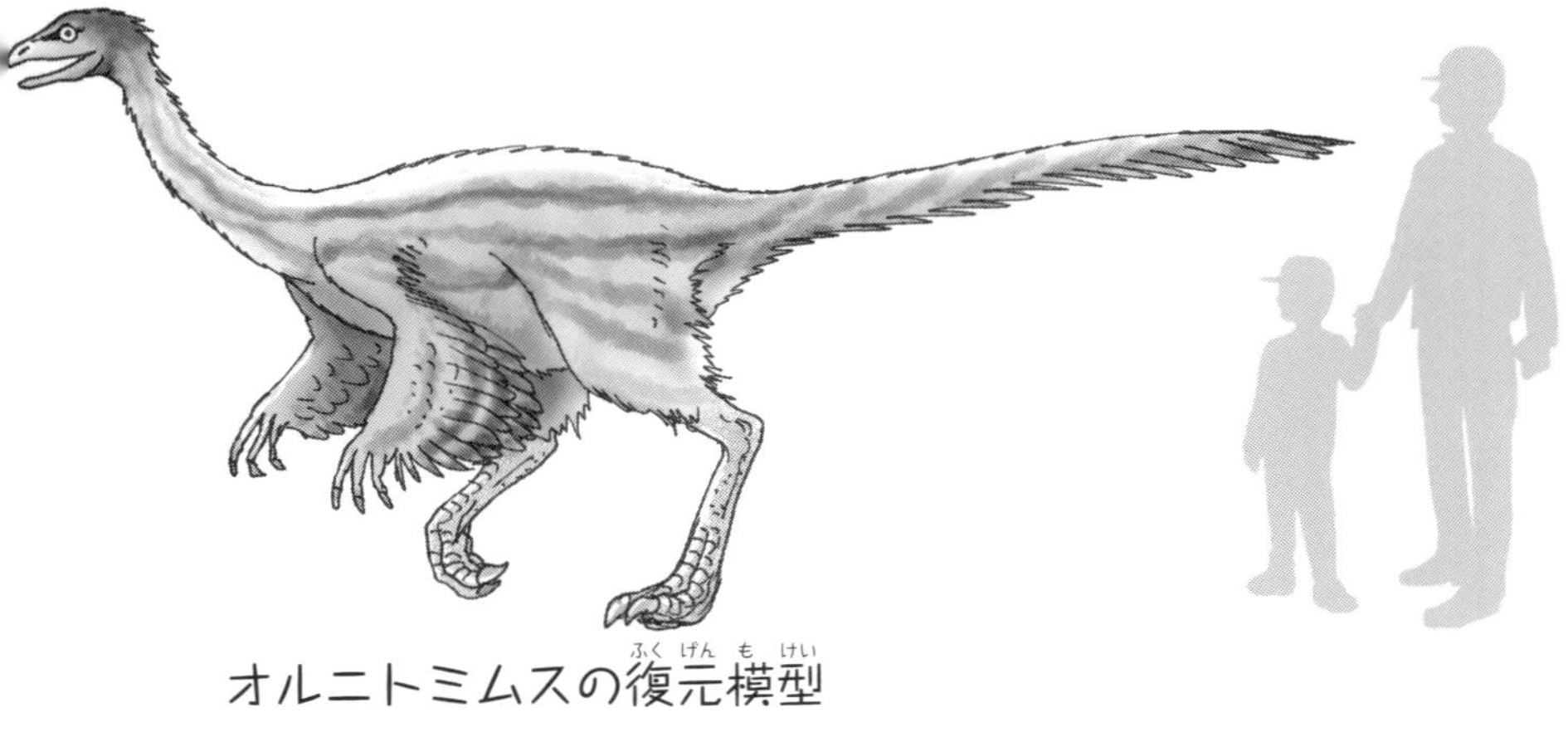

オルニトミムスの復元模型

オルニトミムスのほうは、三本あるつめはとがっていますが、ドロマエオサウルスほどするどいつめではありません。とくにドロマエオサウルスのうしろ足の二番目の指のつめは、自由にうごかすことができました。

まるで、カマのようにとがったこのつめを使って、つかまえたえものを、たちどころにきりさいて、殺しただろうと考えられています。

ドロマエオサウルスは、体の大きさは約二メートル、体重は一五キロほどでした。ちょ

ドロマエオサウルスの復元模型

うど人間のおとなの大きさのわりには体重はとても軽く、すばやくうごくことができました。ですから、草を食べるきょうりゅうにとっては、とてもおそろしい相手でした。

化石はカナダのアルバータで発見されていますが、おなじなかまはアメリカのワイオミング州やモンタナ州で発見され、デイノニクス（「おそろしいつめ」の意）と名づけられています。

モンタナの発掘現場では、四体のデイノニクスの骨の近くで、草を食べるテノントサウ

テノントサウルスの復元模型

ルス（カモノハシリュウのなかま）の骨も発見されました。この化石の発見から古生物学者のオストロム博士は、デイノニクスたちが、テノントサウルスをおそったのではないか、といっています。

ティラノサウルスなどにくらべると、はるかに体の小さかったドロマエオサウルスやデイノニクスでも、むれになって、草を食べるきょうりゅうにおそいかかったことは、じゅうぶん考えられることです。

## ティラノサウルス

この本のものがたりの中では、たおれた木の下じきになって死んだものと、頭にでかいタンコブのある殺し屋の、二頭のティラノサウルスがでてきました。

ティラノサウルスは、なんといっても、きょうりゅうの王者です。これまで地上にあらわれた、すべての生きもののうち、もっとも強く、ティラノサウルスにかなうものはいな

かったろう、ということで、その名も「暴君トカゲ」という意味で名づけられたのです。

体の大きさは一一～一三メートル、体重は五～六トン。このきょうりゅうの声を聞いただけで、ほかのきょうりゅうたちはふるえあがり、大いそぎで、にげだしたにちがいありません。

でも、そんなに強く、たくましかったティラノサウルスでも、六五〇〇万年前をさかいに、地球上からすっかりすがたを消してしまったのです。

## イクチオルニス

さて、ものがたりのさいごのところでは、アンキロとセントロが、ドロマエオサウルスたちにおそわれました。そして、あぶなく食べられかけたところへ、空から鳥のイクチオルニスのむれがあらわれて、二ひきをたすけてくれました。

イクチオルニスは「魚を食べる鳥」という意味で名づけられ、ちょうど、アジサシ（カ

アジサシ（35cmぐらい）　イクチオルニス（20cmぐらい）

モメのなかま）に似た体つきをした、海鳥です。

体の大きさは、せいぜい二〇センチメートルていどで、おそらくカモメのように海べにいて、魚をとって食べていたと考えられるところから、そんな名まえがついたのです。

この鳥の化石は、北アメリカのカンザス、アラバマ、テキサスなどの州で発見されており、たくさんのむれをつくって、とびまわったと思われます。

ものがたりの中でも、空から隕石が落ちた

ために、なかまがみんなで、安全なところへうつっていくとちゅう、ドロマエオサウルスにおそわれている、アンキロとセントロを、たすけたのでした。

## きょうりゅうがほろんだわけ？

これまでお話しした、たくさんのきょうりゅうたちも、いまから六五〇〇万年前をさかいに、地球上からすがたを消してしまったことは、みなさんもよく知っていますね。

くなり、ぜんめつした

① 寒さで ほろんだ

なぜ、きょうりゅうは、ほろんでしまったのでしょう……。

はっきりとしたことは、まだわかっていません。でも、これまで、いろいろなことがいわれてきました。

そのいくつかをあげてみましょう。

①地球の気候がしだいに寒くなり、はちゅう類のきょうりゅうは、寒さにたえられず、ほろんだ。

②気候がかわったために、草を食べるきょうりゅうの食べものがなくなり、草を食

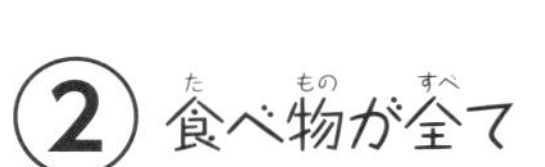

③ 放射線が増えて病気になった

べるきょうりゅうがほろんだ。肉を食べるきょうりゅうは、草を食べるきょうりゅうがいなくなったため、だんだんほろんでいった。

③宇宙のある星が、大ばくはつをおこし、地球に放射線の雨をふらせた。その放射線をあびて、きょうりゅうはガンなどの病気にかかってほろんだ。

④宇宙のある星から、おそろしいバイキンがとんできて、きょうりゅうは、そのバイキンで病気になって死んだ。

④バイキンでぜんめつした

⑤大洪水に流された

⑤地球の大変動で、長いあいだ大雨がつづき、大洪水がおきて、地上の生物はすべて水中にのまれていった。

⑥地殻の大異変によって、いまのインドあたりで大噴火がつづき、地球が有毒なガスでおおわれて、生物が死にたえた。

⑦宇宙からの大隕石が、地球にしょうとつし、そのために、ちりが空をおおって太陽光をさえぎり、きょうりゅうたちをほろぼした。

## ⑥ 有毒ガスでぜんめつした

## ⑦ 隕石の衝突で死にたえた

## 隕石ってなんだ

この本では、空から落ちてきた、隕石のしょうとつをえがきました。

ものがたりのはじめに、森のねぐらにいたアンキロがドカーン！ という、はげしい地ひびきで目をさましましたね。それは空から大きな隕石が落ちてきた音だったのです。

いったい隕石とは、なんでしょう。

みなさんの中には、流れ星を見た人もいる

でしょう。夜の空に、すーっと光の尾をひいて走り、やがて、すっと消えていく流れ星。童話や歌などにも、流れ星のことがよくえがかれていますね。

流れ星は、広い宇宙のどこかにある天体（星）が、なにかの原因で爆発をおこし、地球に向かって落ちてくるとき、地球のまわりをつつんだ大気中（空気の層）に突入して、もえるすがたです。

ほとんどは、大気中でもえつきてしまいますが、もえつきないで、そのまま地球に落ち

隕石。数センチの小さなものから何kmもある大きなものまで…

てくることがあります。

　アメリカの砂漠などでは、地球に落ちてきた大きな隕石や、隕石がうずまった場所などが発見されています。

　科学者によると、きょうりゅうが生きていた六五〇〇万年前ごろに、直径が一〇～一五キロメートルもある大隕石が地球上（メキシコのユカタン半島近く）にしょうとつした、といわれています。

　そんな大きなものが地球にぶつかったら、それこそたいへんです。隕石は、ぶつかった

アメリカ
6500万年前に大隕石が落下した跡、「チチュルブ・クレーター」
直径は約160km。
メキシコ
隕石の落下コース

とき、大爆発をおこし、こなごなにくだけ、ちりとなって、水蒸気といっしょに雲のように空をつつみました。

なんか月にもわたって、空をおおったちりの雲で、太陽の光と熱がさえぎられ、寒さがおそい、植物はかれました。

体の大きな、草を食べるきょうりゅうたちは、食べものにこまって死んでいきました。やがて、草を食べるきょうりゅうがいなくなったことで、肉を食べるきょうりゅうも、こまりました。こうして、きょうりゅうたちは、

しだいにほろんでいったのです……。

ものがたりでは、隕石が地球としょうとつし、きょうりゅうたちが、あっちににげ、こっちににげるようすをえがきました。

隕石がぶつかったことで、かなり遠いところにいても、はげしい地ひびきがおきたにちがいありません。

その地ひびきで、大きな木がたおれたり、岩や石がとんだりしたでしょう。ものがたりの中では、おれた木の下じきになって死んだティラノサウルスや、石にあたって死んだト

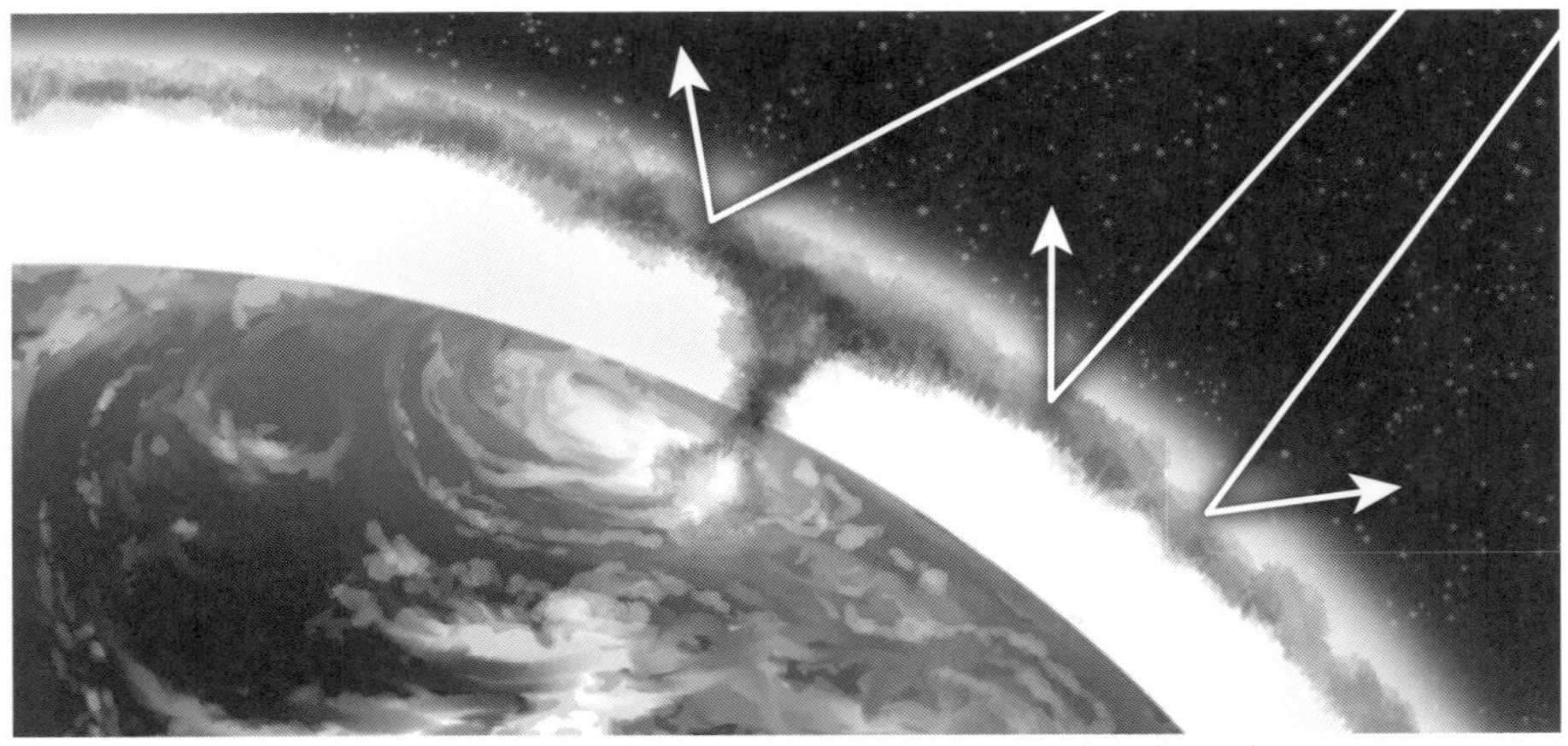

地球をおおった ちりの雲が太陽の光をさえぎり、地上は凍りつきました

リケラトプスなどがでてきましたね。

それまで、太陽の光にめぐまれ、植物もよくしげって、きょうりゅうをはじめ、生きものたちは、さかえました。でも、隕石のしょうとつによって、地球のようすはすっかりかわったのです。

いまでこそ科学の力で、隕石がしょうとつしたことはわかっても、きょうりゅうのいた六五〇〇万年前では、なんのことかさっぱりわかりません。

きょうりゅうたちは、きっと大さわぎをし、

専門用語でK-Pg境界といいます

6500万年前の地層

層の上下で土の色や、出てくる化石が大きく変わります

なんとか、安全なところを見つけようとして走りまわったことでしょう。

　このシリーズ第一五巻『フタバスズキリュウ』でも、隕石のしょうとつによって、海の水がつめたくなり、えものの魚たちがいなくなったために、フタバスズキリュウたちが、南の海をめざしてみんなでおよいでいくところをえがきました。

　地上だけではなく、空でも海でも生きものたちは、すめなくなっていったのです。

　こうして、六五〇〇万年前をさかいに、き

中生代（は虫類の時代）

6500万年前

マイアサウラ
プテラノドン
ティラノサウルス
エラスモサウルス
トリケラトプス
シダ、ソテツと針葉樹の森

ようりゅうをはじめ、翼竜、海竜など、体の大きなはちゅう類は、すっかりほろんでしまいました。

いじょうが、隕石のしょうとつによって、きょうりゅうと、そのなかまがほろんだ、という科学者の考えです。

しかし、この考えで、すべてのなぞがとけたわけではありません。

なぜ、おなじはちゅう類でも、きょうりゅうだけがほろんで、カメやワニやヘビなどのはちゅう類はほろびなかったのでしょう……。

新生代（ほ乳類の時代）

ガストルニス

ヒラコテリウム

デイノテリウム

パラケラテリウム

ウインタテリウム

広葉樹と針葉樹の雑木林

きょうりゅうが、ほろんだとすれば、とうぜん、それらの生きものたちも死にたえてしまったはずだ、ということが、ぎもんとしてのこります。

きょうりゅうがなぜほろんだのか――いまでは多くの科学者たちが、大隕石の落下説を支持し、わたくしも、ものがたりにえがいたわけですが、この大問題は、まだ完全にときあかされたわけではありません。

みなさんもひとつ、この大問題にとりくんでみてはいかがでしょう。

きょうりゅうを復活させようという研究も進んでいます

ホーナー博士が
ニワトリを逆進化させて作りだそうとしている「チキノサウルス」

**たかしよいち**
1928年熊本県生まれ。児童文学作家。壮大なスケールの冒険物語、考古学への心おどる案内の書など多くの作品がある。主な著作に『埋ずもれた日本』（日本児童文学者協会賞）、『竜のいる島』（サンケイ児童図書出版文化賞・国際アンデルセン賞優良作品）、『狩人タロの冒険』などのほか、漫画の原作として「まんが化石動物記」シリーズ、「まんが世界ふしぎ物語」シリーズなどがある。

**中山けーしょー**
1962年東京都生まれ。本の挿絵やゲームのイラストレーションを手がける。主な作品に、小前亮の「三国志」シリーズ、「逆転！痛快！日本の合戦」シリーズなどがある。現在は、岐阜県在住。

◇本書は、2001年9月に刊行された「まんがなぞとき恐竜大行進 11 がんこだぞ！アンキロサウルス」を、最新情報にもとづき改稿し、新しいイラストレーションによってリニューアルしました。

新版なぞとき恐竜大行進
**アンキロサウルス** よろいをつけた恐竜

2017年3月初版
2020年9月第2刷発行
文　たかしよいち
絵　中山けーしょー
発行者　内田克幸
発行所　株式会社理論社
〒101-0062 東京都千代田区神田駿河台 2-5
電話［営業］03-6264-8890［編集］03-6264-8891
URL https://www.rironsha.com

企画 ………… 山村光司
編集・制作 … 大石好文
デザイン …… 新川春男（市川事務所）
組版 ………… アズワン
印刷・製本 … 中央精版印刷
制作協力 …… 小宮山民人


ISBN978-4-652-20197-8 NDC457 A5変型判 21cm 86P

遠いとおい大昔、およそ１億６千万年にもわたって
たくさんの恐竜たちが生きていた時代——。
かれらはそのころ、なにを食べ、どんなくらしをし、
どのように子を育て、たたかいながら……
長い世紀を生きのびたのでしょう。
恐竜なんでも博士・たかしよいち先生が、
新発見のデータをもとに痛快にえがく

**「なぞとき恐竜大行進」シリーズが、**

**新版になって、ゾクゾク登場!!**

**新版 なぞとき恐竜大行進**

**第Ⅰ期 全5巻**

①フクイリュウ　福井で発見された草食竜
②アロサウルス　あばれんぼうの大型肉食獣
③ティラノサウルス　史上最強！恐竜の王者
④マイアサウラ　子育てをした草食竜
⑤マメンチサウルス　中国にいた最大級の草食竜

**第Ⅱ期 全5巻**

⑥アルゼンチノサウルス　これが超巨大竜だ！
⑦ステゴサウルス　背びれがじまんの剣竜
⑧アパトサウルス　ムチの尾をもつカミナリ竜
⑨メガロサウルス　世界で初めて見つかった肉食獣
⑩パキケファロサウルス　石頭と速い足でたたかえ！

**第Ⅲ期 全5巻**

⑪アンキロサウルス　よろいをつけた恐竜
⑫パラサウロロフス　なぞのトサカをもつ恐竜
⑬オルニトミムス　ダチョウの足をもつ羽毛恐竜
⑭プテラノドン　空を飛べ！巨大翼竜
⑮フタバスズキリュウ　日本の海にいた首長竜